我能行

55种游戏培养孩子的成长型思维
让孩子爱上学习不惧挑战

[美] 埃丝特·皮娅·科罗多瓦 (Esther Pia Cordova)
[美] 艾伦·科尔邦斯基 (Ellen Korbonski) 绘
吴小莉 译

北京联合出版公司
Beijing United Publishing Co.,Ltd.

图书在版编目（CIP）数据

我能行：55种游戏培养孩子的成长型思维，让孩子
爱上学习不惧挑战 / (美) 埃丝特·皮娅·科罗多瓦著；
(美) 艾伦·科尔邦斯基绘；吴小莉译. -- 北京：北京
联合出版公司, 2022.6
　　ISBN 978-7-5596-6023-7

　　Ⅰ . ①我… Ⅱ . ①埃… ②艾… ③吴… Ⅲ . ①思维训
练–少儿读物 Ⅳ . ①B80-49

中国版本图书馆CIP数据核字(2022)第038159号
GROWTH MINDSET ACTIVITIES FOR KIDS: 55 EXERCISES TO EMBRACE
LEARNING AND OVERCOME CHALLENGES
by Esther Pia Cordova, Illustrations by Ellen Korbonski
Text © 2020 Callisto Media，Inc.
First published in English by Rockridge Press, a Callisto Media, Inc. Imprint
2022 Beijing Zhengqingyuanliu Culture & Development Co., Ltd
 All rights reserved.

北京市版权局著作权合同登记号　图字：01-2022-1266号

我能行：55种游戏培养孩子的成长型思维，让孩子爱上学习不惧挑战

著　　者：(美) 埃丝特·皮娅·科罗多瓦
绘　　者：(美) 艾伦·科尔邦斯基
译　　者：吴小莉
出 品 人：赵红仕
责任编辑：徐　鹏
特约策划：尧俊芳
封面设计：WONDERLAND Book design
　　　　　仙境 QQ:344581934
装帧设计：季　群　涂依一

北京联合出版公司出版
（北京市西城区德外大街83号楼9层　100088）
北京联合天畅文化传播公司发行
北京中科印刷有限公司印刷　新华书店经销
字数120千字　880毫米×1230毫米　1/32　6.5印张
2022年6月第1版　2022年6月第1次印刷
ISBN 978-7-5596-6023-7
定价：49.80元

写给父母：
我们为什么要培养孩子的成长型思维？

"我不行""我不敢""我做不到"，如果你的孩子总把这些词语挂在嘴边，那么拿起这本书对孩子来说将是一个深具远见卓识的行为。

"我不行！"当孩子说出这三个字，这不仅是胆量与勇气的束缚，更是一种思维的限制。只有打破这种固定思维的限制，才能释放孩子的无穷潜力。孩子从说"我不行"到"我只是暂时不行"，再到"我能行"，看似细微的改变，实则有着巨大的影响，是从固定型思维到成长型思维的质变。小小的变化，对孩子的学习和生活却是巨大的转变。具有成长型思维的孩子认为，成功来源于勤奋和努力，聪明才智并非天生就有的，而是可以通过后天训练培养出来的。因此，他们潜心学习，从不自作聪明，积极进取，不惧挑战，因为他们知道努力才是开启成功之门的钥匙。遇到挑战和挫折时，具有成长型思维的孩子也能克服恐惧，从困难中去获取力量。总之，他们的整体表现都要优于固定型思维的孩子。

因此，从小培养孩子的成长型思维，将是伴随孩子一生的无价之宝，而这也正是本书要帮助孩子实现的突破。本书通过大量的故事和 55 种游戏活动，以独特的视角帮助孩子看待事物，赋予孩子实现梦想的强大武器，帮助孩子形成成长型思维，从而极大地提高他们学习和成长的能力，而这种能力正是我们渴望在孩子身上见到的。

引导孩子形成和发展成长型思维时，父母要以身作则，用自身的成长型思维来引导孩子，做到以下几点并将其融会贯通，营造成长型思维的家庭氛围：

- 注意言行举止，做孩子的榜样。
- 不断跟孩子强调"你的大脑会越来越强大"。
- 告诉孩子"错误正是学习和成长的机会"。
- 重过程，轻结果。
- 告诉孩子，"如果你做不到，只代表暂时不行"。
- 表扬要具体。

对孩子来说，最好的学习方式就是模仿自己最亲近的人。因此，告诉孩子你在锻炼成长型思维时经历的挫折，对孩子也是有帮助的。一个人不可能永远积极乐观，每个人都会有固定型思维的想法，但保持良好心态，正确看待固定型思维，在此基础上发展成长型思维，不断学习，才能终身成长。

写给正在看这本书的孩子

孩子，欢迎你！

本书不说教，读起来很欢乐，每章的开头讲述了一个小故事，然后介绍精彩的游戏。你将在游戏中了解到什么是成长型思维，怎么培养自己的成长型思维。

固定型思维的孩子认为，自己的智力和能力是天生固定的，后天无法提高。但是，成长型思维的孩子知道，经过训练和努力练习，不仅可以提高技能和能力，还能开发脑力。

成长型思维的孩子明白，如果自己做到以下几点，将受益匪浅。

- 努力学习
- 锻炼创造力
- 勇于尝试新鲜事物
- 坦然面对错误
- 及时寻求帮助

我们将在有趣的游戏中，学习有用的方法，逐步培养上述能力。整个过程都很轻松，但又能在不知不觉中形成成长型思维，让自己成为理想的样子。记住，我们的目标不是让你去争第一，而是让你愿意为成为最好的自己付出努力。

我很开心能陪你开始这段奇妙之旅，让我们一起玩得开心、学得开心！

目　录

我可以做到!

球赛

琼安平时很喜欢运动,其中最爱的就是打篮球。每天下午,他都会和爸爸一起练习篮球。但是今天,学校组织大家打的是垒球,琼安是第一轮上场的球员,负责接球,他的朋友乔茜负责投球。乔茜投出第一个球时,球直直地向琼安飞来,琼安准备就位,纵身一跃,却错过了球。"啊!我没接住",琼安想。没过多久,乔茜又迅速地投出了第二个球,球呼的

人公琼安刚开始也产生过许多固定型思维的想法，比如"我打不好垒球""我天生就不适合打垒球"等等。进一步思考后，他想起自己在练习之后篮球越打越好，这时他的思维就从固定型思维转向了成长型思维。

举例对比成长型思维和固定型思维：

固定型思维	成长型思维
认为智力和才能是天生的，不可改变。	认为智力和才能会随着时间和努力不断提高。
"我天生就不擅长这种事。"	"我会学着去做。"
"我数学很差。"	"我的数学会越来越好。"
"我打不好垒球。"	"只要我坚持练习，一定会进步。"

我是哪种思维？

成长型思维，是一种能帮助你成长提高，成为更加优秀的自己的思维。拥有成长型思维的孩子更注重学习，不自作聪明，面对挑战也从不退缩。他们知道，只有不断努力，才能更加优秀。通过下面这个游戏，我们来测试下你属于哪种思维。

准备：

· 马克笔或彩铅若干

练习：

1. 阅读下页表中的话语，你同意下列说法吗？给相应的表情涂上颜色：同意（笑脸），不确定（中立），不同意（哭脸）。不论你选哪个表情，都能得分，一定要对自己诚实哦。

2. 将所得分数相加，算出你的总分。

话语	同意 – 不确定 – 不同意		
"遇到有挑战性的事情时，我会更努力去做。"	☺	😐	☹
"只要我不断尝试，总会进步的。"	☺	😐	☹
"我能训练我的大脑。"	☺	😐	☹
"我不怕犯错。"	☺	😐	☹
"事情不顺利时，我不会不高兴。"	☺	😐	☹
"我为别人的成功感到开心。"	☺	😐	☹
"努力使我更聪明。"	☺	😐	☹
"挫折助我成长。"	☺	😐	☹

"我能学好任何想学的东西。"	☺	😐	☹
"我热衷尝试新事物，不怕犯错。"	☺	😐	☹

☹ 的个数：_____

😐 的个数：_____

☺ 的个数：_____

每个 ☹ 得1分，每个 😐 得2分，

每个 ☺ 得3分。

成长型思维总分：_____

成长型思维 高手 （24～30分）	你已经具备成长型思维了！你相信正确的思维能帮你实现目标和理想。遇到困难时，你会保持积极的心态，专注成长型思维。你明白只有不断练习，才能保持成长型思维。你很棒！本书将帮你强化"我能行"的成长型思维方式，继续发展你的思维。
成长型思维 勇士 （17～23分）	这是一个极好的开端！你已经有一些成长型思维的想法了，很棒！本书将帮你加深印象，增强成长型思维。
成长型思维 新手 （10～16分）	你开始发展成长型思维了！告诉你一个好消息，你会是进步最大、成长最快的那一类人。你要开始成长型思维之旅了，真为你开心！记住，坚持阅读本书并持续练习游戏，你很快会取得惊人的进步！

成长型思维技巧：

　　以上选项没有对与错之分，仅供你评测现在的思维方式。本书最后一个游戏会再次评测上述话语，通过练习本书的游戏，你一定能看到自己思维方式的转变。

游戏 2

浇灌我的思想

故事中琼安刚开始的消极想法就是固定型思维造成的。这不仅影响情绪，还阻碍了个人成长进步。

拥抱积极阳光的心态，相信自己只要坚持努力，就能进步成长，这种想法能让你充满力量。不论何时何地，积极的想法都能让你感觉更加强大。如果将你的思想比作一株吐新芽的绿植，那么我们要做的就是"浇灌"成长型思维的想法，让它茁壮成长，除去固定型思维想法的"杂草"，为成长型思维排除干扰！

准备：

- 一支铅笔

练习：

阅读以下话语，在成长型思维的想法旁边画上水

滴，"浇灌"它们，同时画掉固定型思维的想法。

"我很差，我放弃。"

"我犯了错，但下次我能做得更好。"

"我只是需要时间努力。"

"我只是暂时做不到。"

"我永远也没法掌握阅读。"

"这太难了。"

"这是不可能的。"

"我每天进步一点点。"

注意：

转变思维可能有难度，但是只要你愿意花时间练习，你就可以做到！

成长型思维技巧：

每个人都会有固定型思维想法，比如"我就是不擅长学数学"，这很正常。但是，我们可以为成长型思维想法创造好的生长空间，这样从"我不擅长数学"到"我只是暂时不行"就会容易很多。

积极或消极的心理暗示

你注意听过心理暗示的声音吗？那个在你的脑海里，告诉你可以（或不能）做某事的声音。那是潜意识里的心理暗示，是正常现象。让我们一起来探个究竟吧！

准备

· 一支铅笔

练习

下表中是一些心理暗示的话语，请阅读每句话，判断它们属于成长型思维还是固定型思维，并在相应的框中打钩。

心理暗示话语	成长型思维	固定型思维
1. "我不行，我很笨。"		
2. "我做得很好。"		
3. "这很难，但我可以做到。"		
4. "我只是暂时做不到。"		
5. "我为自己感到骄傲。"		
6. "我很笨，大家都不想和我交朋友。"		
7. "我是最差的。"		
8. "我讨厌这个。"		
9. "我朋友数学棒极了，只要我努力，我也可以的。"		
10. "我不擅长这种事。"		
11. "我永远都做不好那件事！"		

12. "我会继续努力的。"		
13. "我喜欢这项挑战！"		
14. "总有一天，我会做到的。"		
15. "每个人都以为我疯了。"		
16. "还不够好，但我会继续提高的。"		
17. "我很丑。"		
18. "用力思考会让我头疼，但我能看到自己的进步。"		
19. "我太笨了。"		
20. "这很难，但只要练习，我就能做到。"		

成长型思维技巧：

你的心理暗示有时是积极向上的，有时是消极负面的。你要做的是及时关注心理暗示，一旦发现自己产生了消极的想法，及时调整，向积极的思维转变。

采访下内心的声音

每个人内心都会有自言自语的声音，成年人也不例外！有些人内心的声音聒噪吵闹，而且会持续很长时间，给人一种压迫感，甚至让人觉得筋疲力尽，但有些人内心的声音则平静得多。有时我们听到的是积极的鼓励，有时听到的却是消极的丧气话。

准备：

- 一支铅笔
- 一位大人

练习：

采访一位大人，可以是家庭成员或家人的朋友。询问他们有关"内心声音"的问题。

注意：

讨论内心的想法和声音涉及个人隐私，有的人从不分享内心的想法。能够敞开心扉地分享是勇敢的行为。在体会自己内心深处的想法的同时，我们也能看到自己的成长。

成长型思维技巧：

我们可以控制内心的声音！它们好像与自己无关，实际上，这些声音说了什么、说了多少，是由你自己决定的。这是个耐人寻味的话题！

虽然我们看不到也听不见彼此内心的声音，但是我们每个人——你的邻居、父母、老师、商店收银员，他们的内心都有一个声音。或许有人对你说过，"像对朋友说话一样"和自己说话。这是个很好的建议，但是，有时候却很难做到，因为持续保持积极的心态需要大量练习。有时候看似简单，有时又会很难，只有坚持练习，才能看到效果。

采访：内心的声音

名字：＿＿＿＿＿＿＿＿＿＿＿＿＿＿＿＿＿＿

你内心的声音通常是持续吵闹的，还是平静的？

平静 1 2 3 4 5 6 7 8 9 10 **吵闹**

你内心的声音说你肯定不行，但你还是去做了，你有过这样的经历吗？感觉怎么样？

＿＿＿＿＿＿＿＿＿＿＿＿＿＿＿＿＿＿＿＿＿

＿＿＿＿＿＿＿＿＿＿＿＿＿＿＿＿＿＿＿＿＿

做完之后，内心的声音改变了吗？

＿＿＿＿＿＿＿＿＿＿＿＿＿＿＿＿＿＿＿＿＿

＿＿＿＿＿＿＿＿＿＿＿＿＿＿＿＿＿＿＿＿＿

你内心的声音什么时候是最快乐的?

_____

你内心的声音什么时候是最悲伤的?

_____

内心的声音太吵闹或者消极的时候,你会怎样让自己
平静下来?

_____

我进球的时候,心里就会有开心的声音。你呢?你什么时候内心会有快乐的声音?

我看见你成长的时候,内心是最快乐的!今天的训练,你表现很棒!

分享内心的声音

同大人分享自己内心的声音。

准备：

- 两支钢笔或铅笔
- 一位大人

练习：

邀请一位大人倾听你内心的声音，整个过程大概持续 30 分钟。在下一页的横线上，写下你内心所有的想法，不做评判。你想讨论哪些想法？从中找出至少三个。然后依次完成下列要求：

1. 判断这个想法属于成长型思维还是固定型思维。

2. 讨论你产生该想法时的感觉。

3. 对于固定型思维的想法，想出成长型思维的想法替换它。

例如，你或许想过"我阅读不行"，但是加上"暂时"这个简单而有力的词，这句话就变成成长型思维的想法，即"我阅读暂时不行"。

注意：

思维开放些，内心勇敢些。写下个人想法并与他人分享，可能起初你会觉得有点尴尬或者害怕，但你要相信自己，你可以做到的！

成长型思维技巧：

不必担心，每个人内心都有声音，而且每个人都会偶尔产生固定型思维的想法。我们只需及时发现这些想法，进行积极的心理暗示，换成成长型思维的想法。

判断思维方式

日常生活中，大家都能产生成长型思维的想法。请观察下页图中两位小朋友的想法，判断她们的思维方式。

准备：

- 一支铅笔

练习：

1. 观察下页两幅图，判断谁是成长型思维、谁是固定型思维。

2. 在图片上方写出相应的思维方式，作为图片的标题。

成长型思维技巧：

　　生活是匆忙的，你很难时刻关注是哪种思维方式占了上风。遇到困难时，先做深呼吸，然后判断内心的声音属于哪种思维方式。

整理思路

让我们一起归纳整理内心的想法吧!

准备:

- 两个容器(罐子、可重新封口的容器、盒子),一个容器存放成长型思维的想法,另一个存放固定型思维的想法。
- 选择15个小物件(纽扣、球、硬币、积木等等)。

练习:

1. 在P28两个容器上分别贴上"成长型思维"和"固定型思维"的标签。

2. 从P27—P28的清单中选择让你印象深刻的话语。你也可以发挥想象力,自己创造,例如,"我每周练习一次篮球"。

3. 大声朗读清单里的话语，然后说出朗读每句话语后在你脑海中浮现的第一个想法。想法没有对与错之分，你可以自由表达任何想法！例如，"我喜欢上数学课，但我讨厌数学考试"。

4. 判断你的想法属于成长型思维还是固定型思维，然后在对应的容器中放入一个小物件。

话语清单：

- "我们明天有数学考试。"
- "我们临时要做听写小测验。"
- "你要在全班同学面前表演倒立。"
- "这是你本周第二次忘记写家庭作业了。"
- "你的钢琴课还有五分钟就开始了。"
- "请你大声朗读出第一章。"
- "我们一起去骑自行车吧。"
- "我们一起打扫吧。"

- "我们吃比萨吧！"

- "你忘记穿健身服了。"

- "请给大家示范一下你的舞蹈动作。"

- "你明天要去打流感疫苗。"

- "你输了比赛。"

- "你骑自行车时摔下来了。"

- "你弄洒了牛奶。"

成长型思维技巧：

你是不是越来越善于察觉、反思自己内心的声音了？如果答案是肯定的，那你就在朝着成长型思维前进！关注内心的声音，是你发展积极心态的第一步。

第2章

我的大脑太神奇了！

又大又厚的书

该写作业啦！伊薇今天的作业是写一写最喜爱的书《一个没有失败的世界》。这还不简单！她写了书中主人公大卫如何想象一个不犯错误的世界。可是这样一来，所有有意思的东西都消失了，电视、冰箱甚至房屋都不见了，什么都没了！为什么呢？因为如果不能犯错，人们可能发明不了任何东西。

伊薇完成作业后，问妈妈最喜欢哪本书，妈妈交给伊薇一本又大又厚的推理小说。伊薇翻开书，发现书里一张图片都没有，真的一张都没有！这是书架上最大的书，也是伊薇读过的最大的一本书。不过，这毕竟是妈妈最爱读的书，所以伊薇也想尽力去读。

　　陌生的词汇看得伊薇头疼，她都不知道这些词要怎么念。正当她垂头丧气的时候，妈妈提醒她想想大卫，那个她最爱的书中主人公说过的话。然后，她们一起大声说道："虽然现在做不到，但我的大脑训练后就能做到！"她们既自豪又兴奋，一起读了前两页，遇到陌生的词汇伊薇就请教妈妈。而且，她们决定每天读一点，直到把这本书全部读完。

我能训练我的大脑

大脑就像身上的肌肉，只要你不断挑战难题，勤思考，它就会变得更强，而你也会变得更聪明、更强大。记住，犯错误没什么大不了的，重要的是永不放弃。如果你不断尝试，大脑一定会更加强大。

脑之旅

　　脑是人体最复杂、最重要的器官，它负责一个人所有的思想和行为。没有脑，我们就不是自己了。想象一下：你的脑就像一台游戏机，身体就像控制板。游戏机里要是没有游戏（人脑），控制板（身体）就动不了！

　　为了更好地了解神奇的人脑，接下来让我们一起看看它的四大区域吧！

　　大脑：大脑是人脑中体积最大的一部分。它用来思考，解答疑惑，还能存储记忆。大脑分为左右两个半球，即左大脑和右大脑。有趣的是，右大脑控制左边的身体，左大脑控制右边的身体！

小脑：小脑比大脑要小得多。它用来协调肢体运动，能让你骑自行车的时候保持平衡，让你笔直站立。

杏仁体：杏仁体是一小块类似杏仁形状的结构，它控制着你的情绪和感觉。如果没有了杏仁体，那对你来说，考试没考好和赢得足球比赛给你的感觉会是一样的，你就没有喜怒哀乐了。

脑干：你的脑干一直在运转，只是你没有发现。在你不知不觉中，它让你呼吸、保持心脏的跳动。是不是觉得很神奇呢？

准备：

- 一支铅笔

练习：

在下图中连接人脑各部位和它们控制的活动。

成长型思维技巧：

现在你已经知道大脑、小脑、杏仁体和脑干的功能了，你已经越来越聪明了！

860 亿是什么样子?

　　人脑中遍布微小的细胞,我们称之为神经元。神经元细胞相互传输信息,正因如此,我们整个大脑才相互联系。它们体积很小,但数量庞大,总共有大约 860 亿个。很难想象 860 亿是什么样子,我们不妨来试一试!

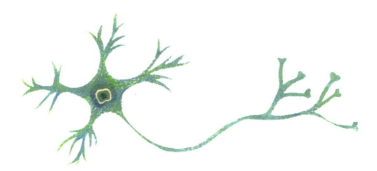

准备:

- 一支铅笔
- 一位大人协助

- 接入互联网

练习：

对比 860 亿个神经元和其他数量庞大的事物：

- 29000粒米的米堆
- 每年美国职业棒球联赛上各大体育场卖出的约1800万份热狗
- 全球约6亿只猫
- 全球约9亿只狗
- 全球约25亿游戏玩家
- 全球约76亿人口
- 地球与月球的平均距离约384000千米

你能提出一些数据作比较吗？你可以和大人一起在互联网上查找数据。

_____

_____

_____

_____

_____

_____

_____

_____

_____

_____

成长型思维技巧：

860 亿个神经元，想想我们人脑有多么强大！美国国家地理官网上的一篇文章表示，人脑是"宇宙中最复杂的结构"，也就是说，人脑比最庞大、最伟大、运转速度最快的机器还要复杂。我们的脑如此强大，如果能充分运用 860 亿个神经元，那还有什么事完成不了呢？

如何保持大脑健康?

大脑是身体中最重要的器官。为了保持身体健康,我们会去健身房锻炼,而要保持大脑健康,建议做到以下几点:

- **吃瓜果蔬菜等健康食物**。瓜果蔬菜中含有大量维生素和矿物质,有益于大脑健康。有些食物实际上就叫作"大脑食物",例如牛油果、鸡蛋、瓜子、西兰花和三文鱼等。

- **用挑战性的任务来训练大脑**。练习有助于强健大脑的活动,就像给大脑来一次健身。

- **多喝水**。大脑中四分之三的成分其实是水,所以保持大脑水分充足非常重要。

- **保持积极活跃！** 外出走动会让大脑更兴奋。

- **记得戴头盔。** 骑自行车或做运动时，要带上头盔保护大脑！

下列行为不利于大脑健康：

- **长时间盯着电子设备屏幕。**

- **喝酒吸毒。**

- **苏打水等含糖饮料。**

- **睡眠不足。**

准备：

- 一支铅笔

练习：

从迷宫的一端移到另一端，避开对大脑不利的物品，注意全程不能中断，一旦中断，必须重新开始。

成长型思维技巧：

现在你知道如何保持大脑健康了吧。善待你的大脑，大脑会回报你的！

万物相连

本章前面提到，人脑中遍布神经元，但是你知道吗，当我们学习新的东西时，神经元之间会产生新的连接。人脑中约有 860 亿个神经元，这意味着可能产生无数连接。

准备：

- 纸张和一支笔
- 几位朋友和一团毛线（也可以选择类似的物品）

练习：

1. 在一张纸上画出十个点，每个点代表一个神经元，两个点之间可形成一个连接，代表人脑中神经元之间的连接。

2. 尝试画出所有可能的连接。

你还可以和朋友们用一团毛线一起做这个游戏。

四个及以上的孩子如何练习：

1. 所有孩子围成一个圈，以手臂长度为距离散开。每个孩子代表一个神经元，毛线代表神经元之间的连接。

2. 一个孩子牵着毛线的线头，将这团毛线递给另一个孩子，依次传下去。每个人握紧手中的毛线，直到毛线全部展开，或者每个人轮完所有连接，注意不能有重复的连接。

   例如： 如果马克已经把毛线传给了苏菲，马克就不能第二次传给苏菲了，苏菲也不能传回给马克。

现在想象一下，860亿个神经元之间有多少个连接呢？相当于多长的毛线呢？

成长型思维技巧：

　　动动脑筋，思考一下自己大脑中有多少连接。我们的大脑就像是强大的计算机，等着我们投喂信息！你反复练习形成的连接越多，你的大脑就越强大。

大脑能助我实现理想

大脑就像肌肉，锻炼得越多，任务越具有挑战性，大脑就越强。无论练习什么，技能都能精进，而且会越来越娴熟。我们大脑中的神经元能形成无数个连接，所以我们能不断提高。只要努力练习，你可以精通任何你选择的领域。问题在于，你想选择什么领域呢？

准备：

- 纸张
- 彩铅

练习：

1. 思考你想成为哪个领域的专家，为什么选择这个领域？

2. 未来如果你成了这方面的专家，你觉得自己会是什么样子？请在纸上画出来。

3. 现在你要怎么训练自己成为这方面的专

家呢？

成长型思维技巧：

技能不是与生俱来的能力，更不会一成不变。

我们努力练习，就能增强脑力，完成自己想做的任

何事情。

多彩的大脑

你的大脑一直在运转，本游戏将考察你对大脑的记忆！

准备：

- 蜡笔或彩铅

练习：

你还记得脑的四大区域吗？按照下页左边的提示，在右图中涂上相应的颜色吧。如果你一时想不起各区域的位置，别担心，你可以翻到游戏 8，参考原图。

1. 大脑——黄色

2. 小脑——蓝色

3. 脑干——绿色

4. 杏仁体——红色

成长型思维技巧：

重复练习是学习的好方法。你已经复习了脑的

四大区域，你真棒！

第3章

我不怕犯错!

数学太难了

放学后回到家，本打开家门，大声说道:"我就不是学数学的料!"这是回家后本跟爸爸妈妈说的第一句话，没有拥抱，没有亲脸颊，甚至连招呼都没打。

"回来了，本，"妈妈说，"今天过得怎么样，跟我们说说在学校有什么新鲜事儿?"

"不要。"本小声地说。

"啊……"妈妈开口说道，"让我猜猜，你昨天的测验成绩发回来了，没考好？"

本低着头，看着鞋面，深一脚浅一脚地走着，说道："不开心呢，我没及格。我天生就不是学数学的料，我永远学不好数学。"

爸爸回应道："我看得出来，你觉得沮丧是因为你正在学的是新知识，而且新知识有点难，不过，你真的尽全力了吗？"

"没，"本回答道，"我看这题目这么难，就赶紧写完了事。我就是觉得，自己没有学数学的天分。"

妈妈从沙发上起身，说道："也许你现在还解不出这些数学题，但只要你努努力，多花点时间和精力，你肯定可以的！你说呢？不然怎么学好数学呢？"

本看了看爸爸妈妈，说道："要不等我上完钢琴课，你们陪我练习数学？下周数学考试，我说不定能考个好成绩。"

"好！"爸爸笑着大声说道。他拥抱了本，然后爸妈告诉了本一个好消息：晚上吃比萨！

错误让我成长

即使你会因为犯错而感到不安，也能从错误中学习成长。错误教会我们如何提高，如何持续学习。如果你犯错了，请问自己三个问题：

1. 哪里做错了？

2. 下次怎么做会更好？

3. 我从中学到了什么？

你犯过的错误会让你明白：你需要更加努力地尝试，要放慢速度，反思自己的错误并从中学习，这是提高自己的好方法！

我能控制吗？

你和本有过相同的感受吗？有时事情进展不顺利，我们容易感到苦恼或生气，随后变得沮丧。当自己无力改变或完成某件事情时，我们经常心情低落。可是，我们不该为自己能够改变的事情感到沮丧，而应该采取行动！每当你觉得沮丧的时候，静下心来思考一下，让你沮丧的事情是否是你可以控制的。

准备：

- 纸张
- 剪刀
- 彩铅
- 固体胶
- 一位朋友或家人

练习：

1. 取两张纸，分别画上大桶，在一只大桶上写"我可以控制"，在另一只上写"我无法控制"。

2. 裁剪四张小卡片，在两张空白的卡片上写出两件你无法控制的事，在另外两张上写你可以控制的事，然后将卡片分别贴在相应的桶子上。以下几点供参考：

- 天气

- 别人的评论

- 你的才能

- 你的言行举止

- 你的肤色

- 别人的想法

- 善良

- 你的技能

- 爱自己

- 努力学习

- 你如何对待别人

- 生病

3. 思考如何将"我无法控制"大桶里的卡片转移到"我可以控制"的大桶中，与家人朋友讨论转移的可能性和方法。

注意:

根据自己的情况思考卡片上的描述，哪种事情是你现在或将来可以努力提高的。如果你不确定，可以询问朋友。当然，有的事情不是我们能控制的，比如天气，这不是我们想改变就能改变的。

成长型思维技巧：

当你感觉沮丧的时候，请深呼吸，思考这件事你是否可以控制。如果你实在无法控制，那就尝试游戏 15，肯定对你有帮助！

改变思考问题的角度

　　你听说过"如果生活抛给你一个柠檬，就做成酸甜的柠檬汁吧"这句谚语吗？这句话告诉我们，虽然有些事无法改变，但我们可以改变自己看待问题的角度！

准备：

- 铅笔或彩铅

练习：

1. 观察下面三幅图，怎么改善下列情况呢？用笔画出有用的物品，帮帮它们吧。

2. 另外想出两种情况，你虽然无法改变它们，

    但你可以换一种思维方式看待它们。

成长型思维技巧：

人生中有些事情，当我们无力改变时，会觉得沮丧，但我们可以改变思维方式，改变看待问题的角度。

没有错误的世界

　　每个人犯错时都会感到沮丧，生活在一个没有错误的世界，会是怎样一种奇妙的体验呢？

准备：

- 一支铅笔

练习：

1. 想象一个没有错误的世界，写下并思考（或和小伙伴讨论）再也不会发生的事情。例如，没有人会洒掉牛奶或忘带健身服！你能想到什么事情呢？

_____

_____

_____

_____

2. 阅读下列物品清单，想象一下，如果大家都不能犯错，以下物品可能会出现吗？在"不会出现"和"会出现"的物品对应框里打钩。切记：只有经过多次尝试和失败（错误），才能创造出有用的发明。即"不会出现"的物品是发明创造的。

物品	不会出现	会出现
苹果		
衣服		
手机		
超市		
石头		
房屋		
电		
太阳		
玻璃		
冰箱		
互联网		

①. 你觉得哪项物品最重要？这项物品在不能犯错的世界里可能出现吗？

②. 你想生活在没有错误的世界里吗？想/不想

成长型思维技巧：

我们可以练习将犯错看作成长的好时机，我们可以从错误中学习和成长。在不允许犯错的世界里，不会有经验教训，没有发明创造，也没有成长的机会！

分享犯错的经历

想想你上周犯过什么错误，坦然接受它们吧！我们不仅要接受错误，还要心怀感激！大家都会犯错，不用害怕分享犯错的经历，要学会从错误中汲取成长的养分。

准备：

- 一位搭档

练习：

回想上周自己犯过什么错误，向搭档讲述其中一个错误，并听搭档分享自己的犯错经历。思考并讨论你们从错误中学到了什么。

注意：

事实上，每个人都会犯错！有的人从不承认错误，有的人会说"好吧，我犯了个错"，你觉得哪

种人更勇敢呢？

成长型思维技巧：

　　本游戏告诉我们，错误就是学习的机会。通过

和朋友分享犯错的经历，你做到了三件很棒的事：

1. 你勇于承认自己的错误。

2. 从别人的错误中汲取经验。

3. 坦然地和别人讨论自己的错误。

有益的反馈 VS 无益的反馈

有时我们犯了错，却不知道自己错在哪里。听取别人的反馈或建议，有助于我们从错误中学习，不断改进。为别人提出有益的反馈，能够帮助对方成长，相反，无益的反馈或恶意的反馈不但毫无帮助，还会伤害对方。

准备：

- 一支铅笔

练习：

阅读以下反馈，用笔画掉无益的反馈。

注意：

虚心接受别人的**有益的反馈**，能帮助自己成长；给别人提出有益的建议，能帮助别人成长。

无益的反馈不仅会伤害他人，而且无法解决问题。

有时，没有反馈就是最好的反馈。如果你不喜欢眼前的画，大可不必给出任何反馈，或许画画的人也不想听你说怎么才能画得更好！

不过，如果画画的人自己说对画不满意，那么这时候说一句"涂上颜色试试看"，就会大有助益了！

成长型思维技巧：

如果有人需要帮忙，向你寻求帮助，请尽力给出有益的反馈，你在帮助他人成长！

我的"快乐错误成长思维罐"

错误是很好的学习机会，但坦然面对错误和批评并不容易。所以，今天我们要做一个"快乐错误成长思维罐"。

准备：

- 一些纸张
- 彩铅若干
- 一个大玻璃罐或其他容器
- 玻璃罐装饰品（贴纸、图片等）

练习：

1. 在纸上写下10句成长型思维的话语（例如："我只是暂时做不了_____""错误帮助我成长""我不惧挑战""我敢于尝试

新鲜事物""我能解决各种问题""我能训

练大脑""我的阅读越来越棒了"等等）。

2. 裁剪出这10句话，对折好。

3. 将纸条放入玻璃罐中。

4. 装饰玻璃罐。

5. 当你因为犯错而心情低落或沮丧不安时，就

从玻璃罐中取出一张小纸条，大声读出上面的话。

6. 根据自己的需要，定期更换罐中的纸条。

成长型思维技巧：

每当你感到沮丧时，看看"快乐错误成长思维罐"。它会告诉你，其实你很优秀，你正在成长进步！犯错不重要，重要的是如何看待错误。相信自己，你是自己的头号粉丝！

第4章

化腐朽为神奇！

喷火的"龙"狗

玛丽看了一档满屏恐龙的电视节目，精彩极了！她决定画一只会喷火的恐龙，还有漂亮的大翅膀，想想就觉得很棒！可她不知道该怎么画才好。于是，她查阅了几张恐龙的图片，画面栩栩如生、活灵活现，但细节很多。"这太难了，"玛丽喃喃自语，"不过我要试一试。"

玛丽挑了一支红色的蜡笔，开始画最有趣的部分——火焰。画的时候她感觉好极了！可是，画完了火焰，玛丽发现没有足够的留白画翅膀。正当她犹豫要不要重新画的时候，忽然灵光一现，她想到一个好主意！

玛丽没画龙爪，只画了普通的动物爪子，活脱脱像一只喷火的狗！她拿着画，站起身，把画贴在了冰箱上。没画成龙，倒画出一只秀气的狗，多么

可爱又有趣的意外！

愉快的意外！

　　玛丽本来想画龙，只是中途出现意外情况，无法画成自己想要的龙。玛丽不想半途而废，于是她灵机一动，化腐朽为神奇，画出了一只可爱的狗。结果出人意料，一只喷火的狗比恐龙更加新颖独特。

　　我们不能满脑子想着错误和失败，意外也可以变成好事。我们也能在处理意外事件的过程中学习成长。经过努力练习，玛丽不久就能画出喷火的恐龙，而这只喷火的小狗只是一次愉快的意外！

意外变好事

愉快的意外时常发生，只是我们没有发现。玛丽遇到小意外和失误时，并没有沮丧焦虑，而是努力修补，甚至自得其乐。

准备：

- 一支铅笔或若干彩铅

练习：

1. 观察以下情景，发挥你的想象力，如何让事情往好的方向发展呢？

2. 将你的设想画在右边的空格中，并加以描述。

3. 你经历过意外变好事吗？在最后一行空格中画出来并加以描述。

玛丽没赶上校车，还把运动包落在家里了。	_____ _____ _____ _____
玛丽本来想打电话给阿姨，却意外拨打了祖母的电话。	_____ _____ _____ _____
晚上，玛丽发现自己拿了朋友安娜的书包，包里没有玛丽想看的书，她没法看自己的新书了。	_____ _____ _____ _____

成长型思维技巧：

　　意外和错误是日常生活的一部分，只要我们学

会转换看问题的角度，就能像玛丽一样积极对待，

把意外变成好事。

在失败中成长

失败让人生气或沮丧，但如果具备成长型思维，把失败当作学习成长的一部分，那失败就可以变成绝好的机会。

《哈利·波特》的作者 J.K. 罗琳曾被拒稿 12 次，12 家出版商都否定了她写的故事。即使被多次拒绝，她也并没有放弃。终于，到了第 13 次，有家出版商同意了出版她的书。想想看，要是她中途放弃了，我们就看不到《哈利·波特》了。

准备：

· 纸张和铅笔

练习：

1. 12位拒绝《哈利·波特》的出版商没有看到这本书的价值，这也是一种失败。假如你是他们，你为什么不认可J.K.罗琳的书呢？请尝试列出三个理由。

2. 《哈利·波特》这本书大获成功后，曾经拒绝本书的出版商肯定很后悔当初没有接受出版。如果你是他们，你从中得到了什么经验或教训呢？你以后会怎么选择呢？

成长型思维技巧：

世界上有许多如《哈利·波特》一样的案例，失败只是暂时的，但并不影响最终走向成功。永远不要因为失败而灰心，也不要让别人的意见阻挡自己前进的脚步。作者 J.K. 罗琳吃了闭门羹，但是她没有放弃，最终找到了愿意合作的出版商，而她的书也从此风靡全球。即便是拒绝过《哈利·波特》的出版商，也能从失败中汲取经验，走向辉煌的成功。当然，这取决于他们是否拥有成长型思维。

演出你的内心世界

　　人有五种基本的感觉：视觉、听觉、嗅觉、味觉、触觉。而且，你知道吗？我们同时调动的感官越多，就能学得越好。而将自己的想法表演出来，就是一种调动感官的极佳方式。接下来，让我们开始全情投入表演吧。

准备：

- 表演的空地

练习：

　　在下页表格左栏中选择 5 句固定型思维的话语，想想什么时候会说出这些话，可以是你自己的经历，也可以是你认识的人的经历，然后用表演再现当时的情景。同样地，表演出下表右栏中对应的 5 句成长型思维的话语。发挥你的想象力和创造力，让表演充满乐趣。

举个例子："朋友都比我厉害。"→"我会努力向朋友们学习。"

1. 固定型思维：表演"你不会骑自行车，在一旁看着别的小孩开心地骑着车"。

2. 成长型思维：表演"你不会骑自行车，然后向朋友求助，让他们教你"。想象你朋友有一辆低杠自行车，你骑上感觉很安全。现在你借来，开始学骑车吧。

固定型思维	成长型思维
"我做不到。"	"我先来吧，我想试试。"
"这也太傻了。"	"我可以做得更好，我们再试一次吧！"
"这个分数说明我很聪明。"	"我经常练习，终于有机会表现了。"
"我不知道该怎么做。"	"我能独立做些什么呢？"
"朋友都比我厉害。"	"我会努力向朋友们学习。"
"这太难了！"	"只需多花点时间和精力。"

"这已经够好了。"	"我真的尽力了吗？"
"我真不是这块料！"	"没关系，我还在学习。"
"我犯的错实在太多了。"	"错误助我成长。"
"我已经无所不知了。"	"我怎么才能学到更多呢？"
"没考好，我太笨了。"	"没考好，我要更努力才行。"

成长型思维技巧：

　　成长型思维让我们坚持练习、持续提高。在表演中，你能体会到固定型思维和成长型思维的区别，它们怎么起作用，分别让你产生什么样的感觉。当你面对不可能完成的任务时，在固定型思维的影响下，你会望而却步，就此放弃。这种感觉并不好！可是，如果你具备成长型思维，你会勇敢尝试，或许你会犯错或失败，但是通过不懈努力，你会变得越来越优秀。这种感觉会很棒！

为成长上色

有趣的涂色游戏能让你静下心来，集中注意力。你可以在涂色页的空白处记录成长型思维话语，见证自己的成长。涂上自己喜欢的颜色，挂在每天能看到的地方。如果忘记了如何接受错误、如何从错误中学习，就用涂色页提醒并鼓励自己吧！

准备：

- 彩铅
- 胶带

练习：

1. 用彩铅为涂色页上色，在页面中间写下成长型思维话语。

2. 将涂色页撕下来，挂在你每天能看到的地方。

成长型思维技巧：

这是一个漂亮的提示器，提醒你每天拥抱成长型思维，即使在感觉困难时，它也能做到。

失败是成功之母

"我输掉了大概300场比赛。大家信任我，让我在决定胜负的最后一刻投篮，可我失败了整整26次！但这一次又一次的失败，恰好就是我成功的秘密。"

——前NBA篮球运动员和名人堂球员

迈克尔·乔丹（Michael Jordan）

准备：

- 同伴

练习：

1. 阅读上面的引言，与同伴讨论迈克尔·乔丹看待失败的方式。

2. 思考你曾经失败后成功的经历，与同伴轮流分享各自的经历。

成长型思维技巧：

通过这个游戏，我们可以反思自己看待失败的方式。我们学到如何从失败中学习，了解到失败也是通往成功的一条可行之路！

"直面恐惧"思维导图

害怕失败是人之常情，但重要的是必须明确自己的目标，直面内心的恐惧，然后付出行动！怎么直面恐惧呢？请看接下来的游戏。

准备：

- 一支铅笔或钢笔
- 红色的马克笔

练习：

1. 你有没有很想尝试，但却害怕失败而没有去做的事情？例如：在全班同学面前发言、学一种新乐器、约同伴出门游玩等等。

2. 下页是一张思维导图，请在图中间写下可能发生的最好情况。例如：每个人都聚精会神地听我说话、我乐器练得不错、同伴愿意跟

最好的情况？

我玩等等。

3. 是什么原因让你害怕尝试呢？例如，可能害

   怕有人笑话你，头脑风暴一下。如有需要，

   可以添加箭头和圆圈，写下所有可能会发生

的坏事，完成思维导图。

4. 用红色马克笔画掉所有你能克服的恐惧。勇
敢地去做吧!

成长型思维技巧：

通过这项游戏，你会变得更加镇定自若。因为
当你写下所有最坏的情况，做好了最坏的打算时，
你会发现事情并没有那么糟，于是尝试新鲜事物变
得更加容易。

第5章

我愿意尝试!

削不干净的土豆

马克的阿姨罗莎终于来了!罗莎阿姨打算做她最拿手的土豆团子配番茄酱。马克超级喜欢吃土豆团子,于是主动提出给阿姨帮忙。罗莎阿姨在一旁做番茄酱时,马克迅速找出一把削皮刀,开始削土豆皮。

削完两个土豆后,马克发现土豆上还有坑坑洼洼的皮没削干净。"这样看上去可不太好。"他想。马克看了看阿姨,但是阿姨好像很忙,他只能接着削这个土豆。土豆越削越小，不一会儿，土豆都快削没了！要是继续这么削下去，土豆就不够做土豆团子了！

"罗莎阿姨。"马克小声叫道。可是阿姨正忙着做番茄酱，没顾上听他说话。马克又试着叫道："罗莎阿姨，这个要怎么削呢？"罗莎阿姨转身看马克，微笑着说："啊，你是说这些棕色的小地方吗？你用削皮刀上面尖尖的部分试试，应该能清理干净的。

你能先把盐递给阿姨吗？"

寻求帮助，再试一次

开始的时候，马克不好意思向阿姨求助。其实，马克问阿姨帮忙是很简单的事情，罗莎阿姨会很乐意帮忙的。马克现在知道怎么清除这些坑坑洼洼的土豆皮了，如果妹妹要来帮忙，马克还能教她怎么削土豆皮！

马克的故事告诉我们，需要帮助时学会开口询问也是很重要的。培养成长型思维就是要不断学习和提高自己。向别人寻求帮助没有什么不好，人们通常都会乐意帮忙的！

"太好了，有人帮我！"

拥有成长型思维并不意味着所有事情都必须自己做。选择恰当的时机向别人寻求帮助，你将学到更多东西，而且也能学得更快。起初，你可能觉得开口求助很难，甚至会觉得尴尬，但只要你开始行动，就会感觉轻松多了！开口求助的第一步是学会接受帮助。在本游戏中，我们将通过学习接受别人的帮助来练习开口求助。

准备：

- 勇气

练习：

当有人想帮助你时，大胆接受对方的好意，细心体会受人帮助的感觉。

注意:

"如果你需要帮助,就大胆说出来。我每天都求助他人,但我并不认为这是软弱的表现,反而是强大的体现,因为这说明你勇于承认自己的无知,敢于学习新东西。"

——美国第 44 任总统

巴拉克·奥巴马(Barack Obama)

成长型思维技巧:

通过本游戏,你将更乐于接受帮助。即便是美国总统奥巴马,也会在有需要时寻求帮助!所以,勇敢地接受别人伸出的援助之手吧,这样你将会在开口求助时更加自信!

主动求助

如果你完成了游戏 26，欢迎你来到游戏 27。

在游戏 26 中，我们练习了接受帮助，接下来让我们分三次学习向别人求助吧！

准备：

- 勇气

练习：

1. 今天试着向三个你认识的人（家人、同学或老师）寻求帮助，在同一天完成。

2. 在下方横线上记录游戏的进展。今天你需要什么帮助呢？事情进展如何呢？从中你学到了什么？

_____

_____

_____

_____

_____

_____

_____

                                    .
_____

注意：

    并非遇到大事才能向别人求助，开果汁瓶盖、

解答作业习题等情况，都是可以向别人求助的。

成长型思维技巧：

    通过本游戏，我们提高了寻求帮助的能力。需

要帮助时勇于开口求助，我们将变得更强大更聪明。

游戏 28

"熟能生巧"思维导图

通过以上游戏，我们知道任何事情都需要练习，而且每个人都需要练习，职业球手和著名歌星也不例外！

准备：

- 一支铅笔或钢笔

练习：

哪些事情需要练习才能掌握？请写入下方思维导图中，如果你有很多想法，可以另外加上线条和圆圈。

练习

成长型思维技巧：

熟能生巧，越努力越优秀。如果想在某个领域出类拔萃，一定要多加练习！

失败 = 迈出了学习的第一步

很多人以为失败是坏事，但其实失败就是试错，是迈出了学习的第一步。我们从失败中学习，不断练习，然后在练习中提高。

练习：

你有过"失败—提高—成功"的经历吗？你第一次经历失败时是什么感受？你实现目标时感觉如何？对照下图提示，感受从失败到实现目标这个过程。

→ FAIL=First+Attempt+In+Learning

失败 = 迈出了学习的第一步

First
Attempt
In
Learning

每次进步一点点

成长型思维方式的关键在于你如何去做一件事。有些事你现在做不到，并不代表永远做不到。相信自己，你能完成任何事！对于十分重要的事，你可能要付出额外的时间和精力。记住，从固定型思维向成长型思维的转变很简单，只需加上"暂时"两个字就可以了，虽然只是简短的一个词语，带来的却是根本性的变化。本游戏将帮助你完成从"我做不到"到"我暂时做不到"的转变。

对自己说："只要多花时间和精力，我就能提高！"成长型思维肯定有效。

准备：

· 计时器（例如手机或微波炉上的计时器）

· 简单的拼图（20～60个小方块）

- 一支铅笔

练习：

1. 选一幅你可以在10分钟内完成的简单拼图，重复拼3次。

2. 先把所有的拼图方块放在一边，启动计时器，用最快的速度完成拼图。在下面的时间记录表中写下你所用的时间。和乔希比一比，看看谁更快！

3. 按照第二步再拼两次，用时有什么变化呢？

名字	用时
乔希	10分2秒

成长型思维技巧：

通过本游戏，我们知道了如何通过练习提高自己。你练习得越频繁，拼得就越快。如果你每天都练习这幅拼图，一周之后，你该有多厉害啊！同样地，无论是数学、拼写、运动，还是音乐、艺术等等，你练习得越多，表现得就会越好！

名人也曾经历失败

不论我们如何讨厌失败，失败始终是生活的一部分。众所周知，没有失败，就不会有发明创造。要想发明新事物或做成任何事，我们首先要接受失败。

准备：

- 成人的协助
- 互联网

练习：

从以下名人中任选一位：

华特·迪士尼（迪士尼公司创始人）	王薇薇（婚纱女王）	本田宗一郎（本田汽车创始人）
迈克尔·乔丹（蓝球之神）	道恩·强森（巨石强森，影星）	哈兰·山德士（肯德基创始人）

J.K.罗琳（《哈利·波特》作者）	凯蒂·佩里（流行女歌手）	毕加索（画家）
比尔·盖茨（微软公司创始人）	Lady Gaga（流行女歌手）	泰勒·斯威夫特（流行女歌手）
希奥多·盖索（苏斯博士，儿童文学家）	碧昂丝·诺斯（流行女歌手）	凯瑟琳·约翰逊（《妈妈咪呀！》编剧）
奥普拉·温弗瑞（主持人）	JAY-Z（说唱歌手）	克劳德·莫奈（画家）

- 他们经历过怎样的失败？

- 他们从失败中学到了什么？

- 他们放弃了吗？

- 你能从他们的失败中学到什么？

成长型思维技巧：

失败没什么大不了的！学习新事物的第一步就是在这上面栽跟头。

第6章

我有无限创造力！

妈妈问梅，今天感觉怎么样。可是，梅什么也没听到。弟弟不在家，梅正忙着搭两个人的乐高积木，她要搭一座最高的塔！

积木塔已经搭到和梅一般高了，看起来棒极了！塔身有很多窗户，梅还为弟弟的玩具车专门搭了一个车库。她已经想好怎么搭这座塔的顶部，心里十分激动！可是，当梅把最后一块乐高积木放上塔顶时，塔身开始摇摇欲坠。梅赶紧扶住塔，想尽力稳住，可是已经太晚了。塔倒了！

到底是哪一步没搭好？

　　塔看上去很壮观，梅差一点就搭好了。她往后
退了几步，看着散落一地的积木，想起塔基可能不
够坚固，而且塔身太细了。如果加固塔基，应该就
不会倒了！于是，她立刻行动，开始重新搭建。

条条大路通罗马

你听说过谚语"条条大路通罗马"吗？

在罗马帝国时期，罗马是一座非常重要的城市，道路四通八达，和其他城市乡村往来便利，所以才有了"条条大路通罗马"的说法。它的意思是，无论走哪条路，你都能抵达罗马，即殊途同归，采用不同的方法能够得到相同的结果。

找不同的方法搭桥

解决问题的方法有很多种，正所谓"条条大路通罗马"，而桥有时是我们通往目的地的有力辅助。让我们一起用冰棒棍和木头胶搭起最坚固的桥吧！

准备：

- 纸张和铅笔
- 冰棒棍
- 木头胶
- 几本小书

练习：

1. 思考你想搭建什么样的桥。你可以仿照下面的图片搭桥，也可以创造新的样式。请在动手搭建之前，画出你脑海中桥的样子。

2. 开工吧！请注意：先分别搭好桥的各个侧

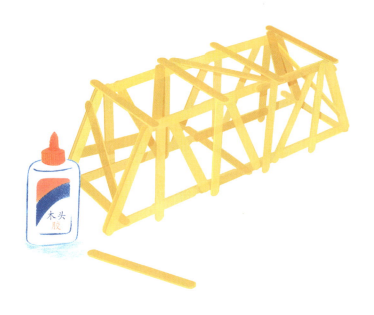

面，然后再拼接组合。用胶粘的时候尽量保

证每个侧面是笔直的，因为哪怕是微微的倾

斜，也可能导致前功尽弃。

3. 一定要等桥上的木头胶完全风干！这一步很

重要，胶没干的时候，桥是非常脆弱的。

4. 稳固性测试：把桥固定在书本或其他物品中

间，在桥上放置书本，在保证桥不倒的情况

下，试试最多能放几本。

注意：

通往成功的道路有很多条，有的是弯路，有的是捷径。不论你走的是哪条路，都要反复尝试，不断练习，提高自己。

成长型思维技巧：

本游戏既有趣又刺激！搭建一座稳固的桥，方法多种多样。让我们发挥创造力，搭起不同的桥，寻找不同的方法解决问题。本游戏可以多次练习，改进的空间也无限大，请尽管尝试。也许下一次你就能搭起最美丽的桥，又或许你搭的桥可以集美观和稳固于一身呢。

他们会怎么做?

要提出解决问题的方法,并不是件容易的事。有时我们需要换位思考,站在别人的角度,以全新的眼光看待问题。

练习:

1. 请你想出最尊敬的人,可以是祖父母、父母或父母的朋友、叔叔阿姨、老师或哥哥姐姐,标准就是他(她)非常善于解决问题。你也可以选一个名人或偶像。

2. 阅读以下问题, 如果你遇到下列情况,你会怎么做? 他们又会怎么做呢? 你觉得他们的做法如何?

问题 1:你想烤蛋糕,发现自己把食谱落在学校里了,问题是你必须在明天早上之前烤出蛋糕。

你会怎么做呢？ _____

问题 2：明天有听写小测验，可是你一时忘记了这回事，答应了朋友下午去看他。你非常想取得好成绩，又不想让朋友失望，但如果去看望朋友，就没有时间准备测试。你会怎么做呢？ _____

问题 3：你过生日时收到一份 1000 片的拼图，看得你眼花缭乱，有时要花五分钟才能找到一片拼图的位置！虽然你感觉很难，可你依然想要完成这幅拼图。你会怎么做呢？ _____

问题 4：你练了一整天的轮滑，可朋友们都比你滑得好，你感觉自己有点落伍了。你会怎么做呢？ _____

成长型思维技巧：

站在最敬佩的大人的角度，模仿他们的成长型思维，能让我们充分发挥创造力，想出全新的方法解决问题，做一些平时想不到的事情。

完成图画

　　有些问题，你要即兴发挥去解决。即兴指的是在毫无准备的情况下，立刻提出解决方法。我们要面对的并非都是自己的问题，别人也会向我们提出问题。接下来，你要解决别人遇到的问题。发挥你的创造力，观察并补全下面两幅图。

准备：

· 铅笔或彩铅

练习：

　　有人没画完！沿着他们画好的线条补全图画。

成长型思维技巧：

　　发散你的思维，尽情发挥创造力，思考怎么充分利用图画中现有的线条，这有助于培养灵活思考和解决问题的能力。

"致敬图书"书签

悄悄告诉你：你可以向世界上最令人赞叹的成功人士学习，即使你从未见过他们。这是真的！大多数有非凡创举的人都愿意分享自己的知识，他们会花大量时间用文字记录下自己的所思所想，思考如何才能更好地将你引入他们的专业领域。你知道他们是怎么做的吗？他们写书！仔细想想，这简直太妙了！他们写的书可以帮助你学习成长。具备成长型思维的人会持续学习，而向他人学习是学习的一种方式，而且是很值得推荐的方式！

那么，我们怎么在阅读中培养成长型思维呢？把你最喜欢的成长型思维话语写在书签上！书籍令人惊叹，写书的人同样令人敬佩。每天坚持阅读，用书签提醒自己，你正在享受一场文化盛宴！

准备：

- 毡头笔

- 剪刀

- 美术纸

练习：

1. 选出你最喜欢的成长型思维引文或话语，写在P123的模板图案上，将模板剪下来并贴在美术纸上，让书签更厚实。

2. 参考P122的图案，在书签的背面涂上颜色或者画出新的图案。大胆去画，尽情享受。

3. 任何东西都能做成书签！如果模板用完了，你可以在美术纸上画，然后裁剪出书签的形状。

以下成长型思维话语供参考：

- "我只是暂时做不到！"

- "我要努力成为_____！"

- "错误助我成长。"

- "我不惧挑战。"

- "我勇于尝试新事物。"

- "我是解决问题的小能手。"

- "我能训练自己的大脑。"

- "我永不言弃！"

成长型思维技巧：

　　书籍是我们向别人学习、拥抱成长型思维的窗口。当我们在别人的知识和发现的引导下，培养自己的思维时，大脑会变得更加强大。制作崭新的书签，见证自己的学习和成长！

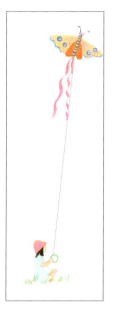

我有无限创造力！ 123

乐高船的威力

让我们继续愉快地做游戏吧！接下来，我们要用乐高积木搭一条船，然后把硬币放在船上，放得越多越好，同时保证船不能沉。怎么才能做到呢？一起来试试吧！

准备：

- 纸张

- 钢笔

- 乐高

- 盛着水的容器（碗、水槽或浴缸）

- 硬币

练习：

1. 设计炫酷的乐高船，快速在纸上画好草图，然后按照设计的模型搭建你的船。

2. 检查船是否能浮在水上，如果可以，则每次
   往船上加一枚硬币，直到船沉入水里。

3. 数一下你搭的第一条船能放多少枚硬币，用
   笔记录下来。然后改善你的设计，直到船能
   够放两倍多的硬币为止！

   我设计的第一条船能放_____枚硬币。

   我设计的最棒的船能放_____枚硬币。

成长型思维技巧：

随着搭起的船能放越来越多的硬币，你在不断改进的过程中，会乐在其中。不断完善自己的设计是令人兴奋的事情。

疯狂的优点

　　找到解决问题的正确方法有时并不简单。头脑风暴法即思考并提出想法，是想出主意的好方法。可惜，我们经常忽视甚至贬低自己的想法，给自己的灵感贴上愚蠢的标签，从而打压自己的创造力，最后想不出有效的解决方法。可是，疯狂而有趣的想法有时是最棒的！

准备：

- 铅笔
- 发散思维

练习：

1. 阅读P129至P130描述的问题，列出你能想到的绝对"愚蠢"、有趣、疯狂的解决方法。不要评判自己的想法，限制创造力，把你的想法记录下来！

2. 回顾你列出的一长串解决方法，圈出其中看起来不再那么愚蠢或荒谬的想法！

问题1： 你忘带自己的健身服了。

_____

_____

_____

_____

问题2： 走在大雨里，突然雨伞坏了。

_____

_____

_____

_____

问题3：提出你自己的问题。

_____

_____

_____

_____

成长型思维技巧：

　　本游戏培养你解决突发问题的能力。有时候我们会感觉脑子卡壳，全然没有头绪。其实，思考奇怪而愚蠢的问题解决方法，也会带来巧妙而聪明的想法。

第7章

我勇于尝试新事物！

同样的艾伦，不同的游戏

　　这周艾伦在表哥本的家里住了一夜。本比艾伦大一点，有许多很酷的东西，其中最酷的要算是有梯子的双层床。在本家里过夜时，艾伦受邀睡在上铺。本还有许许多多的电子游戏。那天晚上，本说有一款新游戏，想和艾伦一起玩。艾伦在学校里经常听说这款游戏，但从来没玩过。艾伦担心自己玩得不好被本嘲笑，所以不敢尝试新游戏。他想自己在家玩，这样就没有人可以看到。可是本实在太开心了，特别想和艾伦玩新游戏。艾伦只能鼓起勇气，拿起控制器，在手碰到控制器的那一瞬间，只感觉内心一阵激动，决心好好享受这一快乐的时光。

新体验，新错误

第一次做一件事情时，很少有人能做到完美。体验新的事物有点可怕，因为我们不知道会发生什么，很有可能会犯错。但我们也明白错误有多重要，错误让我们学习成长。

接受不完美

如何从错误中更好地学习呢？首先要接受错误，坦然面对错误。我们犯的每一个错误都是学习成长的机会！追求完美其实是学习成长的敌人！

在本游戏中，让我们特意把事情做得不完美！

练习：

用错误的答案回答下面的问题：

你所在国家的首都是什么？

你住的街区有多少人？

你的生日是几月份？

一年有几个季节？

你最喜欢什么动物？

500-300+2等于多少？

用错误的答案回答以上问题简单吗？

注意：

　　金无足赤，人无完人。铅笔上带有橡皮擦，也是同样的道理！

成长型思维技巧：

　　当人们想做到完美时，他们可能会有消极的想法。比如暗示自己不能做这做那，因为做了可能会犯错。或许你能躲避有挑战性的任务，但同时你也失去了学习成长的好机会。成长型思维的孩子知道错误是学习的机会，努力远比最终的结果更重要。

接受反馈

接受反馈可以帮助我们学习成长，但接受反馈像是在接受批评，你会觉得很难受。询问关心你的人，他们对你有什么建议或者意见，注意反馈中对你有益的话语。

准备：

- 纸张和铅笔
- 给你反馈的朋友或家人

练习：

1. 你想提高哪方面技能，用笔记录下来。

2. 在家人朋友中，谁比较擅长这项技能，写下他（她）的名字。

3. 询问他（她）的建议，关于你怎么提高这方面技能的。即使你不同意对方的看法，也不要反驳，认真倾听并写下对方的反馈。

4. 向对方表示感谢！

成长型思维技巧：

"我们都需要别人的反馈，只有这样，我们才能提高。"

——微软联合创始人比尔·盖茨

我能为自己赋能

本游戏中，我们将练习接受错误，勇敢尝试新事物。每个错误都是一次学习的机会。但是，用积极的态度坦然接受错误并不容易，有时还会很难！当我们开始尝试新事物时，对犯错和失败的恐惧会令人望而却步。当你产生固定型思维想法时，例如"我做不到"，尝试运用本游戏介绍的方法，这会是你的秘密武器。

练习：

当你产生固定型思维想法，想要放弃时，可以尝试以下方法：

1. 闭上眼睛60秒，倾听周围的声音。你能听到什么？先听嘈杂的声响，然后注意各种微弱的声音。你能听到自己的心跳声吗？呼吸声呢？

2. 当你克服了新挑战时，及时奖励自己。

3. 尝试10次"腹式呼吸"，吸入尽可能多的

空气，然后缓慢呼出。

哪一种方法对你最有帮助呢？

成长型思维技巧：

害怕尝试新事物很正常，关键是你如何面对自己的恐惧。下次尝试新事物时，如果你感到焦虑不安，就用上述方法让自己平静下来，激励自己。相信自己，你能做到！

克服困难

困难不只在你第一次做某件事时会出现，它也会在你做过许多次之后出现。突然出现意外情况，例如，你穿着不合脚的新鞋参加跑步比赛；拼写测验那天你身体有点不舒服；分组时，老师让你和新同学一组，你没能和最好的朋友分在一组；等等。这些事情都可能影响你的发挥，完成任务变得更加困难。但是，更难并不代表不可能！

准备：

· 铅笔

练习：

请描摹下一页的线条，虽然这项任务看起来很简单，但你要用不常用的手描摹，这将是一大挑战！

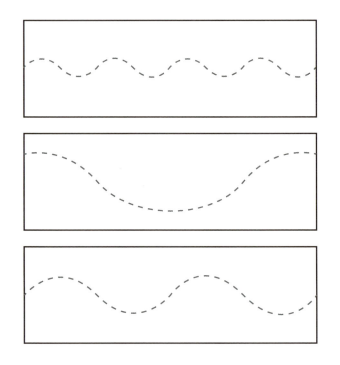

成长型思维技巧：

只是一点小小的障碍，曾经那么简单的事情顿时变得困难起来，你可能会觉得很诧异。不过，只要你坚持每天练习，就能像锻炼肌肉一样训练大脑，即使是用不常用的手，也能描摹得更好！

书里的挑战

我们如何面对困难，将决定最终事情是失败还是成功！

准备：

- 有成长型思维角色的图书
- 纸张和铅笔/钢笔

练习：

找一本书，书里的主角能够展现出成长型思维，克服困难。如果找不到，你可以求助父母、老师或图书管理员。然后回答以下问题：

- 主角需要面对的挑战是什么？
- 书中人物/角色遇到挑战时的第一反应是什么？
- 该角色在什么情况下会展现出成长型思

维？记录下他/她的一句话或一个动作，

体会角色如何应对挑战。

- 画出他/她克服困难的时刻。

成长型思维技巧：

阅读是了解不同思维方式的好方法。通过阅读，

我们无须亲身经历，只需借鉴别人的经验即可。

感谢反馈！

朋友会从不同的角度看问题，给我们有益的反馈。他们的反馈能帮助我们改进和提高，打开一扇学习成长的新大门。

准备：

· 纸张和铅笔/钢笔

练习：

1. 你曾经收到过什么有益的反馈或建议吗？它们帮助你克服困难、学习成长。写下给你反馈的人的名字、反馈的内容，以及你是如何克服困难的。

   · 谁给你反馈？

   · 反馈了什么？

   · 反馈如何帮助你克服困难？

2. 在纸条上简单写几句感谢的话语，送给帮助你的人。

　　例如：你好，乔迪，我想感谢你教我怎么握网球球拍。开始的时候，我怎么握都感觉别扭，现在新的握拍方式让我感觉击球时更有力量。感谢你的建议！

注意：

　　回想经历或许要花一段时间，但你也能从这段经历中获得有益反馈。

成长型思维技巧：

　　研究表明，经常感恩、回忆美好经历的人活得更快乐，内心更富足。本游戏既能帮你从朋友那里得到更多有益的反馈，帮助你成长，还能让你更快乐！如果你愿意，建议每周回忆需要感谢的人，感谢他们给你的有益反馈，看看有什么感受！

第8章

我有伟大的梦想！

所有的鱼

扎哈拉现在在上小学，不过她已经想好了，长大后要做一名海洋生物学家。自从第一次去看望表姐玛丽安娜，她就确定了自己的人生理想。

玛丽安娜非常了解海洋，熟悉各种海洋生物，她现在的工作也是在努力改善海洋生态环境，为海龟创造更好的生存环境。"想成为一名海洋生物学家，需要花费很长时间和很大精力，"玛丽安娜说，"你要了解所有的动物，才能理解复杂的海洋生态系统。"

　　听表姐这么说，扎哈拉开始阅读所有有关鱼类和海洋的书籍，把自己小小的图书馆都翻遍了。上周，扎哈拉和全班同学一起参观了当地的水族馆。她很兴奋，仔细阅读展馆墙壁上的所有介绍牌，还提了许多问题。她发现自己能理解那么多东西了！

你的目标是什么？

　　制订目标很重要。有了明确的目标，你就知道如何做出明智的决定。扎哈拉确定自己想成为海洋生物学家，所以她几乎每天都学习海洋相关的知识，朝自己的目标努力。

本章中，我们将关注如何制订目标、实现目标，成长型思维在其中起着重要作用！

我目标清晰！

你知道吗？写下目标的人更有可能实现目标。只要写下梦想，你的梦想就能变成可实现的目标！

准备：

- 彩铅

练习：

1. 在下页圆圈中填入今天、下周、明年、未来十年你最想实现的16个梦想或目标。例如，在拼写测试中拿满分、学一种乐器、新学一首钢琴曲以及成为心脏外科大夫等等。

2. 对你来说，这16个目标中哪三个是最重要的？给相应的圆圈涂上颜色，重点关注这三个目标。

注意:

"如果你有目标，请写下来。否则，目标就不能称为目标，只是希望而已。"

——演说家兼作家 史蒂夫·马拉博利

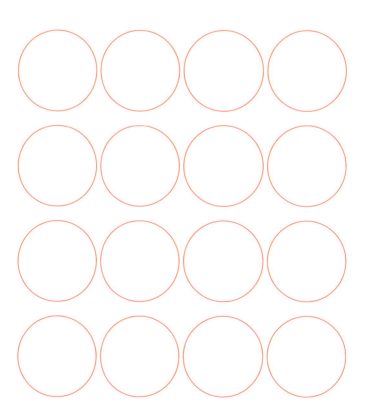

成长型思维技巧:

你列出了自己最重要的三个目标，太棒了！看清目标等于前进了一大步。牢记自己的目标，每天为目标而努力，一步步实现目标。寻找机会，学习更多相关知识！

我很 SMART（聪明），
我的目标也一样

不是所有的目标都同样重要。目标是你个人的，只有自己可以判断目标是好是坏。但无论如何，你的目标应该 SMART（聪明）！它们应该：

S——**具体**（Specific）你想实现的目标具体是什么？

M——**可衡量**（Measurable）你如何判断目标已经实现？

A——**可实现**（Achievable）你的目标应该是努力之后可以实现的。

R——**相关**（Relevant）这个目标是否值得你努力？

T——及时（Timely）你最晚什么时候能实现这个目标？

准备：

- 一支铅笔

练习：

判断下列目标是否 SMART，即具体、可衡量、可实现、相关、及时。

目标	具体	不具体
"我想扩大阅读量。"		
"我想数学考高分。"		
"我想在拼写测试中拿满分。"		

目标	可衡量	不可衡量
"我想在一分钟之内跑完一英里（约1.61千米）。"		
"我想成为优秀的足球运动员。"		
"我想成为一名教师。"		

目标	可实现	不可实现
"我想在一个晚上读完《哈利·波特》全集。"		
"我想每天打扫房间。"		
"我想每天刷两次牙。"		

目标	相关	不相关
"我想拼完这幅新拼图。"		
"我想画出所有我知道的狗的品种。"		
"我想每天晚上阅读20分钟。"		

目标	及时	不及时
"我想学会煮鸡蛋。"		
"我想每天晚饭前完成家庭作业。"		
"我想和朋友聚聚。"		

现在，判断以下话语是否满足所有目标！

目标	满足 SMART 的所有标准	不满足 SMART 的所有标准
"我想在本学年结束之前写完我的新书。"		
"从今天开始，我每天看电视的时间将不超过30分钟。"		
"我想交更多的朋友。"		

成长型思维技巧：

现在你知道什么是 SMART 的目标了吧！

SMART 标准可以帮你判断目标是否能实现。

SMART 目标测试

在游戏 45 中，你学会了如何判断目标是否 SMART。现在我们要开始制订你自己的 SMART 目标了。

准备：

· 铅笔

练习：

思考你在游戏 44 "我目标清晰！"中列出的目标，将这些目标变成 SMART 的目标。选一个目标，然后说说这个目标怎样才能变得 SMART。

将你最重要的三个目标填写在下页三个框中。

注意:

如果上面三个目标中有一个或一个以上不满
足 SMART 的标准, 你可以更换。例如, 如果你
的目标是在 25 岁时可以飞起来, 这个目标不满足

SMART 中"A"可实现（Achievable）的要求，因为人类是不可能自己飞起来的！你可以将目标换成"我想在 25 岁时成为飞行员"。如果你发现自己的目标不怎么相关（Relevant），不值得为之努力，你也可以换一个。

成长型思维技巧：

SMART 测试有助于制订可实现的方案！

如何 WOOP 我的目标

你已经列出了自己的目标清单，明确了三个最重要的目标，你真棒！写下目标，你就成功了一半。接下来要思考如何实现目标，使用便于识记的有益工具"WOOP"方法制订方案。

第一步：W——愿望（Wish）

第二步：O——结果（Outcome）

第三步：O——困难（Obstacles）

第四步：P——计划（Plan）

准备：

· 纸张和铅笔

· 你的想象力

· 伙伴（非必需）

练习:

1. W——愿望（Wish）

你的愿望就是游戏 46 中的 SMART 目标，从中选择三个并写下来。

2. O——结果（Outcome）

这是最令人开心的一部分。想象你已经实现了自己的目标，感觉如何？有什么不一样的感觉？你觉得自豪吗？这一步慢慢体会。

（如果你在脑海里想象不出来，可以找伙伴帮忙，与伙伴讨论你是如何想象自己已经实现了目标，有什么样的感受。）

3. O——困难（Obstacles）

你在实现目标的过程中会遇到哪些困难呢？写下所有可能会遇到的困难，以及你内心的恐惧。

4. P——计划（Plan）

你已经知道会遇到什么困难了，现在可以按照"如果（困难）发生，那我就（行动）"的模式制订计划了。如果以后在生活中遇到这种困难，你就知道该怎么克服了！

5. 用上述WOOP方法分析你选择的三个目标！

愿望：＿＿＿＿＿＿＿＿＿＿＿＿＿＿＿＿＿

结果：＿＿＿＿＿＿＿＿＿＿＿＿＿＿＿＿＿

困难：＿＿＿＿＿＿＿＿＿＿＿＿＿＿＿＿＿

＿＿＿＿＿＿＿＿＿＿＿＿＿＿＿＿＿＿＿＿＿

计划：＿＿＿＿＿＿＿＿＿＿＿＿＿＿＿＿＿

＿＿＿＿＿＿＿＿＿＿＿＿＿＿＿＿＿＿＿＿＿

愿望：＿＿＿＿＿＿＿＿＿＿＿＿＿＿＿＿＿

结果：＿＿＿＿＿＿＿＿＿＿＿＿＿＿＿＿＿

困难：＿＿＿＿＿＿＿＿＿＿＿＿＿＿＿＿＿

＿＿＿＿＿＿＿＿＿＿＿＿＿＿＿＿＿＿＿＿＿

计划：＿＿＿＿＿＿＿＿＿＿＿＿＿＿＿＿＿

＿＿＿＿＿＿＿＿＿＿＿＿＿＿＿＿＿＿＿＿＿

愿望： _____

结果： _____

困难： _____

_____

计划： _____

_____

成长型思维技巧：

制订实现目标的计划会提高你实现目标的概率。

你做得真棒！

分享计划

你已经选了三个激动人心的目标，并制订了实现目标的计划！要想提高目标实现的概率，还需要做一件事：把目标告诉别人！

把目标告诉别人能增强你实现目标的动力，因为你想要言而有信、信守诺言。

准备：

· 伙伴

练习：

选一个你信任的伙伴，告诉他你最重要的三个目标。如果你愿意，也可以说出自己想到的困难和你的方案，一旦困难发生，你会怎么做？（你的伙伴或许能提供一些有用的建议！）

成长型思维技巧:

　　既然你和伙伴说你要学钢琴,伙伴就会来问你学得怎么样了!因此,你会本着对自己和别人负责的态度努力坚持,实现承诺过的目标。分享目标对你来说有益无害。

记号物提醒

制订目标是实现目标的前提，目标制订之后，要每天把目标记在心里，心中有目标才能日益精进，最终实现目标。

准备：

· 记号物（选择方法见练习部分）

练习：

选择你的第一大目标，有什么记号物能提醒你想起这个目标呢？记号物可以是任何东西，最好是能随身携带的物品，例如在门口找到的漂亮石子、项链、从森林里采的坚果、你最喜欢的乐高手办等等，都是不错的选择。注意要全天随身携带记号物，直至实现目标。

成长型思维技巧：

　　选择记号物并随身携带，提醒自己不要忘记目标，这是保持积极性的好方法，能时刻让你目标明确。

第9章

我会继续努力!

迪伦最大的愿望就是在纽约市的高级餐厅当一名主厨。他时常幻想自己未来厨房的样子,希望自己做的食物能得到五星好评。他想:"我的餐馆肯定大受欢迎,客人要提前几个月预订座位。"

现在,迪伦经常和父亲一起尝试新的菜谱。他们用番茄和黄瓜做美味的沙拉,还有巨大精致的三明治,三明治高到迪伦都够不着。

迪伦不仅善于按照食谱做菜,也喜欢研究新口味。他最近还在研究怎么让西芹做得更好吃。有好几次,研究的新菜没有达到他的标准,比如,花

生酱烤牛肉三明治就没做好！有一天，迪伦想给妈妈做最爱吃的薄饼，可是他忘记加小苏打了，最后变成了扁平的橡胶一样的东西，这东西猫也不会想吃！但这次的经历却让他更加坚定地要不断努力！果然，后来他做的薄饼几乎完美，他再也没有忘记加小苏打了。

学习迪伦：拥抱成长型思维

迪伦知道自己永远有重新来过的机会。在每一次尝试中，他要么学习了如何改进新菜品，要么做出了美味佳肴！迪伦的思维方式完全是成长型的，他热爱学习，坚持练习，不断进行自我提高。错误不仅没有阻挡他前进的脚步，还促使他变得更好。让我们向迪伦学习吧！

思维配对

如果你已经做到这个游戏，说明已经收获了很多，例如明白了练习和重复的重要性。接下来，请阅读下列语句，拥抱成长型思维吧！

准备：

- 铅笔
- 伙伴

练习：

1. 圈出符合成长型思维的答案。

2. 你能想起自己内心产生下列想法的情景吗？与伙伴分享一下当时的情况。

- "我总能/无法学习。"

- "犯错让我更痛苦/聪明。"

- "事情很难，以后会越来越容易/所以我最好马上放弃。"

- "错误是学习/失败的一部分。"

- "我的目标是完美/成长。"

- "困难让我变强/软弱。"

- "别人的成功让我止步不前/备受鼓舞。"

- "如果有需要，我会寻求解决方案/帮助。"

成长型思维技巧：

从固定型思维转变为成长型思维并不容易，需要持续学习，不断提醒自己这两种思维之间的差别，它们分别会给你造成什么影响。结合本书介绍的游戏，坚持练习从不同角度看待问题，你一定会有所成长！

我学到的所有东西

将你学到的知识和生活经历联系起来，你将受益匪浅。

准备：

- 伙伴

练习：

回想前面学习的内容，和伙伴轮流分享与下列观点有关的经历：

- 大脑就像肌肉

- 接受并提供有益的反馈

- "暂时"的力量

- 克服挑战和障碍

- 努力尝试

- 永不言弃

- 克服负面的心理暗示

- 面对错误

- 选择目标并为之努力

成长型思维技巧：

了解成长型思维还不够，要灵活运用甚至养成习惯！本游戏帮你梳理自己什么时候、在哪里运用过成长型思维！

我对自己的承诺

本游戏中，你要对自己做出承诺，保证坚持练习成长型思维。

准备：

· 铅笔

练习：

阅读以下承诺，在右边的横线上签名，保证自己能够做到。最后有两根空白的横线，请写出你的成长型思维承诺！

我会坚持自己的目标！　　　签名：＿＿＿＿＿＿

即使事情很难，我也会努力坚持。

我不会放弃！　　　　　　　签名：＿＿＿＿＿＿

当我产生放弃的念头时，我保证会继续努力。

我欢迎有益的反馈！　　　　签名：＿＿＿＿＿＿

如果收到反馈，我会深呼吸，然后努力从中学习。

错误是我的朋友！ 签名：＿＿＿＿＿＿＿

当我犯错时，我知道自己是在学习成长。

＿＿＿＿＿＿＿＿＿＿＿ 签名：＿＿＿＿＿＿＿

＿＿＿＿＿＿＿＿＿＿＿ 签名：＿＿＿＿＿＿＿

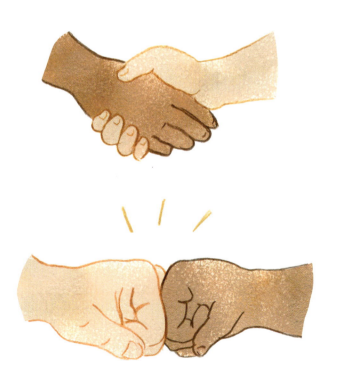

注意：

"那个最好的自己，永远在路上。"

——心理学家、成长型思维研究员

卡罗尔·德韦克

成长型思维技巧：

坚守诺言！你随时可以翻开这一页，检查自己是否做到了。如果只有一两次没做到，不用灰心，只要大多数时候能够做到，就是好样的！成长型思维允许犯错，只要能坚持练习并改进，就能离目标越来越近。

我成长，我自豪

本书介绍了许多游戏，有的人会中途放弃，但你坚持做到了这里，祝贺你！现在你已经展现出成长型思维了！

准备：

- 伙伴

练习：

思考你在本书中完成的游戏，与伙伴讨论。

1. 你最自豪的是哪些游戏？

2. 哪个游戏开始的时候看起来很难，但你最终做到了？成功是什么感觉？

3．哪个游戏最有趣？

现在选一个你想重做的游戏，再做一次吧！

成长型思维技巧：

时常回顾已取得的进步，能激励你继续前进！
感激你过去的努力和日益精进的技能。

我记得它！

完成了本书中的游戏，你已经学会很多培养成长型思维的知识，你真棒！

准备：

- 铅笔或钢笔

练习：

写下本书中你印象最深刻的或想要牢牢记住的几个概念、几句格言警句或观点。为什么它们会给你留下深刻印象？

_____

_____

_____

_____

_____

_____

_____

_____

_____

_____

_____

_____

注意：

你可以随时重新翻看这本书，唤醒记忆，提醒自己如何持续成长！

成长型思维技巧：

本游戏十分重要，也很有挑战性，请你回忆学到的所有重要知识，从中选择你最喜欢的。不要着急，静下心来，仔细思考你想记住的东西，最想运用到日常生活中的知识。

现在我是哪种思维？

你记得吗？本书的第一个游戏就是"我是哪种思维？"，不过不用将书本翻到前面，只需浏览下表，看看自己取得了多大的进步！

准备：

· 马克笔或彩铅

练习：

1. 阅读下表中的话语，你同意下列说法吗？给相应的表情涂上颜色：同意（笑脸），不确定（中立），不同意（哭脸）。要诚实哦！每个表情都有相应的分数。

2. 将所得分数相加，算出你的总分。

话语	同意 – 不确定 – 不同意		
"遇到有挑战性的事情时，我会更努力去做。"	☺	😐	☹
"只要我不断尝试，总会进步的。"	☺	😐	☹
"我能训练大脑。"	☺	😐	☹
"我不怕犯错。"	☺	😐	☹
"事情不顺利时，我不会不高兴。"	☺	😐	☹
"我为别人的成功感到开心。"	☺	😐	☹
"努力使我更聪明。"	☺	😐	☹
"挫折助我成长。"	☺	😐	☹

"我能学好任何想学的东西。"	😊 😐 🙁
"我热衷尝试新事物，不怕犯错。"	😊 😐 🙁

🙁 的个数: _____

😐 的个数: _____

😊 的个数: _____

每个 🙁 得1分，每个 😐 得2分，

每个 😊 得3分。

成长型思维总分: _____

成长型思维高手（24～30分）	你已经具备成长型思维了！你明白，正确的思维会助你实现目标和梦想。遇到困难时，你保持积极的心态，专注成长型思维。你太棒了！你也知道练习对成长型思维有多么重要。本书将帮助你继续保持"我可以"的思维方式，进一步发展你的想法。
成长型思维勇士（17～23分）	这是一个极好的开始！你已经有一些成长型思维的想法了，很棒！本书将帮助你发展这些想法，增强成长型思维。
成长型思维新手（10～16分）	你开始发展成长型思维了！好消息是你会是这几类中进步最大、成长最快的人。你要开始成长型思维之旅了，为你感到开心！记住，你总能进步的！坚持阅读、持续练习，很快你将震惊你自己！

成长型思维技巧：

我们的目标不是时刻具备成长型思维，而是当固定型思维阻碍你实现自己的目标时，你能够及时发现。一旦发现，请深呼吸，试着改变固定型思维想法。

本书为你提供了许多有益的方法和技巧。你可以灵活运用这些方法，培养成长型思维，尤其要在日常生活中找机会练习，生活才是真正的测试。你可以选择每天拥抱成长型思维，持续练习、持续成长提高，永远不停止追梦的脚步！相信自己，你拥有无限潜力，前程似锦！

练习题答案

第1章

游戏2：浇灌我的思想

- ~~"我很差，我放弃。"~~

- "我只是需要时间努力。"

- ~~"我永远也没法掌握阅读。"~~

- ~~"这是不可能的。"~~

- "我犯了错，但下次我能做得更好。"

- "我只是暂时做不到。"

- ~~"这太难了。"~~

- "我每天进步一点点。"

游戏3：积极或消极的自我暗示

自言自语	成长型思维	固定型思维
1. "我不行，我很笨。"		√
2. "我做得很好。"	√	
3. "这很难，但我可以做到。"	√	
4. "我只是暂时做不到。"	√	
5. "我为自己感到骄傲。"	√	
6. "我很笨，大家都不想和我交朋友。"		√
7. "我是最差的。"		√
8. "我讨厌这个。"		√
9. "我朋友数学棒极了，只要我努力，我也可以的。"	√	
10. "我不擅长这种事。"		√
11. "我永远都做不好那件事!"		√
12. "我会继续努力的。"	√	
13. "我喜欢这项挑战！"	√	
14. "总有一天，我会做到的。"	√	

15. "每个人都以为我疯了。"		√
16. "还不够好，但我会继续提高的。"	√	
17. "我很丑。"		√
18. "用力思考会让我头疼，但我能看到自己的进步。"	√	
19. "我太笨了。"		√
20. "这很难，但只要练习，我就能做到。"	√	

游戏6：判断思维方式

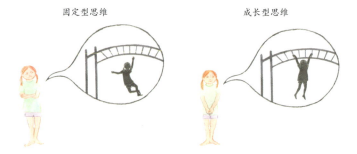

固定型思维　　　　　　　　　　成长型思维

第2章：

游戏8：脑之旅

游戏10：如何保持大脑健康？

游戏13：多彩的大脑

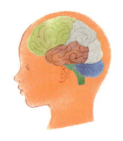

第3章

游戏16：没有错误的世界

物品	不会出现	会出现
苹果		√
衣服	√	
手机	√	
超市	√	
石头		√
房屋	√	
电	√	
太阳		√
玻璃	√	
冰箱	√	
互联网	√	

游戏18：有益的反馈 VS 无益的反馈

第8章

游戏45：我很SMART（聪明），我的目标也一样

目标	具体	不具体
"我想扩大阅读量。"		√
"我想数学考高分。"		√
"我想在拼写测试中拿满分。"	√	

目标	可衡量	不可衡量
"我想在一分钟之内跑完一英里（约1.61千米）。"	√	
"我想成为优秀的足球运动员。"		√
"我想成为一名教师。"		√

目标	可实现	不可实现
"我想在一个晚上读完《哈利·波特》全集。"		√
"我想每天打扫房间。"	√	
"我想每天刷两次牙。"	√	

目标	相关	不相关
"我想拼完这幅新拼图。"	√	
"我想画出所有我知道的狗的品种。"		√
"我想每天晚上阅读20分钟。"	√	

目标	及时	不及时
"我想学会煮鸡蛋。"		√
"我想每天晚饭前完成家庭作业。"	√	
"我想和朋友聚聚。"		√

现在，判断以下话语是否满足所有目标！

目标	满足SMART的所有标准	不满足SMART的所有标准
"我想在本学年结束之前写完我的新书。"	√	
"从今天开始，我每天看电视的时间将不超过30分钟。"	√	
"我想交更多的朋友。"		√

第9章

游戏50：思维配对

- "我(总能)/无法学习。"
- "犯错让我更痛苦/(聪明)。"
- "事情很难，(以后会越来越容易)/所以我最好马上放弃。"
- "错误是(学习)/失败的一部分。"
- "我的目标是完美/(成长)。"
- "困难让我(变强)/软弱。"
- "别人的成功让我止步不前/(备受鼓舞)。"
- "如果有需要，我会寻求解决方案/(帮助)。"